*你可以把这些贴纸贴在第77~80页的空白棋盘上，设计出新的游戏！

*你可以把这些贴纸贴在第77～80页的空白棋盘上，设计出新的游戏！

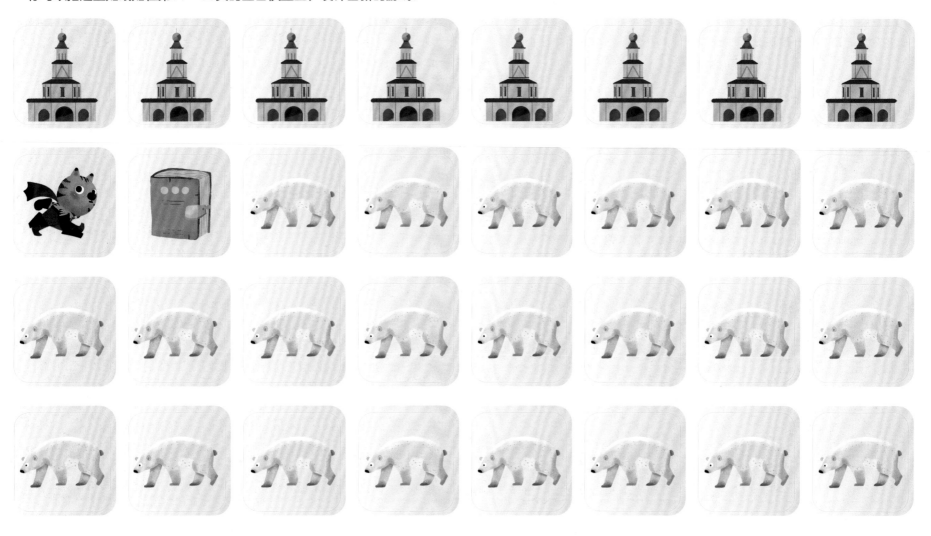

*你可以把这些贴纸贴在第77～80页的空白棋盘上，设计出新的游戏！

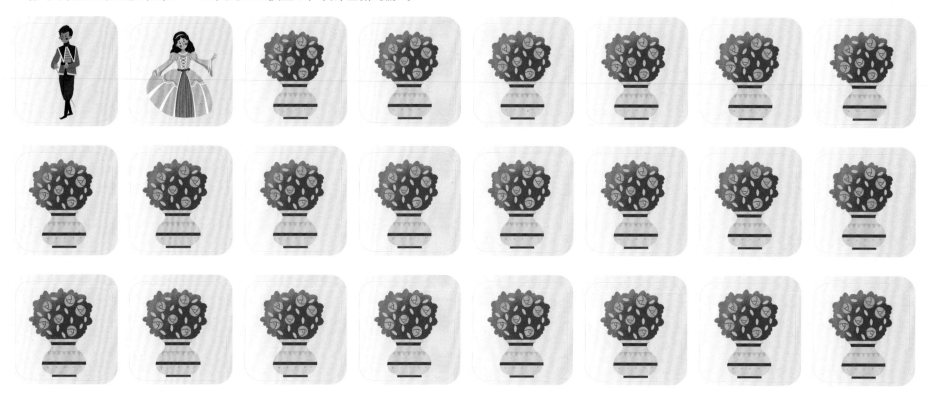

编程其实很简单

浆果文化 / 策划　学而思 / 著　香蕉猴 芝麻酱 / 绘

电子工业出版社
Publishing House of Electronics Industry
北京·BEIJING

目　录

编程是什么?	3	拜见国王	23	**寒冷的国度**	53
故事背景	4	**温暖的国度**	29	森林大冒险	53
炎热的国度	5	森林大冒险	29	格陵兰岛大冒险	59
森林大冒险	5	交换食物	35	寻找古书	65
山区大冒险	11	沙漠大冒险	41	拜见女王	71
草原大冒险	17	拜见国王	47	**空白棋盘**	77

编程是什么？

在现实生活中，大多数人都不需要知道计算机的工作原理。我们只需要打开计算机，单击屏幕上的小图标，计算机就会听从指挥。**但充满好奇心的你可能还想知道，这一切是如何发生的。** 如果你这样想，那么恭喜你，你有可能成为未来的科技人才！

人与人之间通过语言交流。人类也可以训练猩猩和其他动物看懂一些手势或符号，这样我们就可以借助这些符号和它们沟通。那么，我们是不是也能够通过某种方式和计算机这样的设备"沟通"呢？答案是肯定的。**编程，就是人类用计算机能理解的方式，告诉计算机如何执行任务，** 比如播放音乐、视频等。学习编程的重点，就是掌握什么是"计算机能理解的方式"。

为此，我们特地设计了书中的游戏，**它们的难度由浅入深、层层递进，可以带你体验计算机"思考"问题的方式**，为后续的编程学习打下基础；同时，**它们也能充分锻炼你的思维。** 让我们一起开始奇妙的编程启蒙之旅吧！

故事背景

有一个男孩，家里很穷，爸爸去世前留给他一只名叫布斯的猫。

"没有钱，一只猫有什么用？还不如卖了买些吃的呢。"男孩心想。

这时布斯突然开口了："主人，你不要担心。你只要给我一双靴子、一只口袋，我保证让你过上好日子。"

男孩半信半疑，但还是把靴子和口袋给了布斯。于是，布斯开始了他的大冒险……

炎热的国度

森林大冒险

布斯来到一个十分炎热的国家，准备拜见这里的国王。但他不能空着手去，得准备礼物。于是，他决定先去森林里捉一些罕见的动物作为礼物。当然，他和主人也要先填饱肚子。

游戏说明：

请设计一条从布斯到猎物的路线，不要碰到周围的树木。可以使用移动 、左转 和右转 等方式来完成任务。正确的路线可能不止一条！

玩法示例

*虚线边框的箭头表示第二种路线。

抓野鸡

在Scratch编程中，我们会使用  这几个积木块指挥角色一步步前进。

小知识：

热带森林里的植物种类很丰富，根据高度可以将它们分为几"层"：高大的树木下面是灌木，灌木底下还有草丛。这些植物可以进行光合作用，吸收地球上的二氧化碳，防止全球气候变暖。

在这一关，你可以走直线到终点，也可以转弯。

小知识：

有许多品种的鹦鹉因为毛色艳丽、会学人说话而深得人类喜爱。不过，鹦鹉学说话只是一种简单、机械的模仿，它并不懂得字词的意思。另外，有些品种的鹦鹉是濒（bīn）危动物，不允许捕猎和买卖，一般人是不能随便饲养的。

不过，在布斯那个年代，人们可能不知道什么是"濒危动物"。

抓变色龙

如果起点和终点不在同一行或同一列，你就需要转弯了。

这一关有两种走法，除了都要用到移动 ，一种方法要用到 ，另一种则用到 。

它们相当于Scratch 编程中的 左转 ↺ 90 度 和 右转 ↻ 90 度 这两个指令。

小知识：

虽然大多数人不喜欢老鼠，但老鼠在地球的生态系统中发挥着重要作用！生物学家指出，热带森林里的老鼠可以把野生植物的种子散播到各个地方，这些种子会长成新的植物，让森林更加茂密。

不过现在，这只老鼠就要成为布斯的食物了！

抓老鼠

10

山区大冒险

现在，布斯来到了山区，因为他听说这里有一些还没有人开采过的矿产资源。如果他能找到这些矿产资源并画出地图，去见国王的时候就可以送上最好的见面礼！

游戏说明：

请设计一条从布斯到矿产的路线，不要碰到周围的山。请使用移动 、左转 和右转 完成任务。正确的路线可能不止一条！

难度升级了，加油哦！

玩法示例

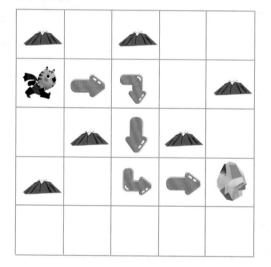

找银矿

你发现了吗？在"山区大冒险"中，每一关至少要转2次弯哦！

这就好比在Scratch编程里，你可以多次使用表示转弯的积木块  和 左转 ↺ ○ 度。

小知识：

银是一种过渡金属，会散发出美丽的白色光泽，所以被制成各种好看的首饰。不过，银的用途远不止于此，它还具有杀菌的作用。在古代，银的最大用处是充当商品交换的媒介。此外，工业领域也需要使用大量的银。

"山区大冒险"的游戏都有不同的走法。在Scratch编程里，你也可以通过不同的积木块组合让角色运动到同一个终点。即使任务相同，不同的人所设计的程序，也可能不一样。

小知识：

黄金是世界上无数人渴望拥有的财富。15世纪，欧洲人冒生命危险乘船抵达美洲，就是想在这里找到黄金。19世纪，美国加利福尼亚州发现了黄金，于是各地的人又争先恐后来到这里淘金。非洲国家南非也拥有大量金矿。

找金矿

找煤矿

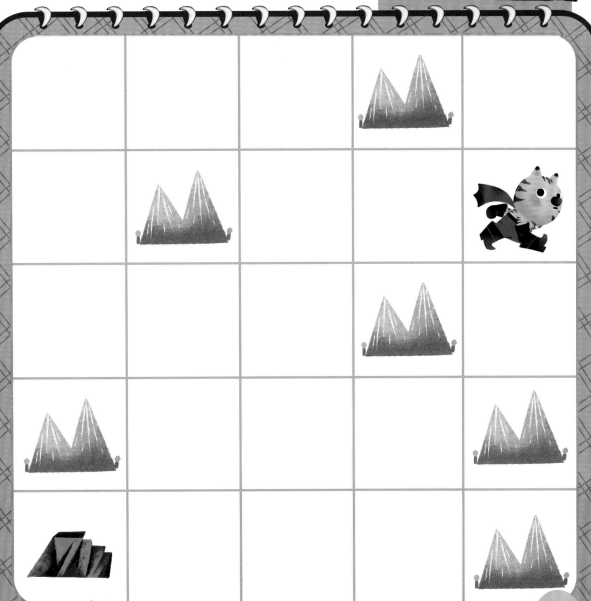

这一关可以按照  路线找到煤矿，需要用到 1个 和 1个 。

这一关可以走出  路线，它需要用到2个 。在别的游戏中，如果你要走 路线，那么你也要用到2个 。

小知识：

铁可能是我们生活中使用范围最广的金属了。从厨房里的菜刀，到建高楼大厦用的钢筋，铁制品已经遍布我们生活的每个角落。人们常说"恨铁不成钢"，其中的"钢"就是含碳量在一定比例的铁。生铁要经过高温冶炼，才会变成钢。

找铁矿

草原大冒险

布斯背着口袋，又走进了茫茫的热带草原。这里经常有野兽出没，但布斯毫不在意，因为他要去找埋在草原底下的各种宝石。

游戏说明：

假设宝石遍布各地，请设计一条从布斯到各地宝石的路线。注意不要碰到周围的动物，使用移动 ➡、左转 ↰ 和右转 ↱ 来完成任务。

难度升级了，加油哦！

玩法示例

找蓝宝石

你发现了吗？在"草原大冒险"中，每一关至少要转3次弯哦！

在这一关，你可以先走 ↳ 路线，再走 ⤴ 路线。

在Scratch编程中，如果你遇到比较复杂的任务，也可以把它拆分成几步，一步一步完成哦！

找红宝石

找猫眼石

在这一关，你会怎么拆分任务呢？

小知识：

猫眼石是一种非常稀有、珍贵的宝石。把这种宝石磨成半球形，然后在强光照射下旋转，球面上会出现一条细窄明亮的反光，随着光线的强弱而变化。

这一关也有不同走法，而且至少有一个地方需要连续转弯，难度增加了，加油！

找祖母绿

小知识：

祖母绿被称为绿宝石之王，大多是绿色或蓝绿色的。在埃及，人们发现了第一座祖母绿矿山。南美洲国家哥伦比亚盛产祖母绿，16世纪，西班牙探险家曾经在这里疯狂抢夺这种宝石。打磨好的祖母绿看起来威严庄重，一些皇室成员会在正式场合佩戴镶着祖母绿的王冠和首饰。

22

拜见国王

现在，布斯带着他找到的珍稀动物和宝石，还有他画好的矿产地图，准备去拜见国王了。不过，一路上布斯还会遇到盘查的士兵和官员，所以，布斯给这些人也准备了一些礼物。

游戏说明：

请设计一条从布斯到目标人物的路线，不要碰到周围的建筑。使用移动 ➡️ 、左转 ↩️ 和右转 ↪️ 来完成任务。

难度升级了，加油哦！

玩法示例

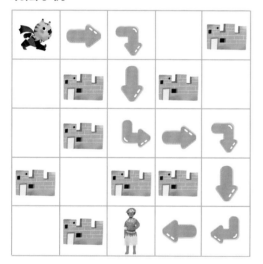

见官员

你发现了吗？在"拜见国王"这部分，每一关至少要转4次弯哦！

小知识：

现在，布斯来到了一座大城市。城市是城与市的组合词，"城"的作用是防卫，"市"则指进行交易的场所。一般来说，城市需要的粮食不是居民自己种的，而是购买来的。各种贸易让城市变得富裕、繁荣，但富裕的城市往往也成了盗贼和军队攻击的目标，所以古代许多城市都建有城墙、护城河等。

布斯似乎和官员的位置很近，实际上，他们要绕很多路才能见面。

在Scratch编程中，有时一个看似简单的任务，也要花很多步骤才能做出来呢。

小知识：

庞大的国家和城市需要有人管理，于是就有了大大小小的官员。在古代，官员可能是其他人推举出来的，也可能是经过考试选拔的。

通过考试选官，就意味着穷人家的孩子可以通过读书考试出人头地。所以在古代，很多平民出身的父母都愿意不计成本地供孩子读书。

见官员

这一关的路线像不像字母S？它可以拆分成 ⤵ 路线和 ⤴ 路线。

在使用Scratch编程的时候，学会拆分任务很重要哦！

布斯带着礼物去拜见国王，国王非常高兴，授予布斯的主人"勇敢骑士勋章"。

小知识：

世界上大部分国家在古代是由国王或皇帝统治的。现在，很多国家已经没有国王，即使有，国王的权力也受到了限制。不过在非洲的斯威士兰王国，其国王仍然拥有很大的权力。

温暖的国度

森林大冒险

从炎热的国家离开后，布斯又来到了一个比较温暖的国家。和上次一样，他要先准备礼物，然后去拜见这里的国王。

阳光洒在秋天的树林里，形成了一幅五彩斑斓的图画。不知道布斯在这片树林里又有什么收获呢？

游戏说明：

请设计一条从布斯到猎物的路线，使用移动 、左转 和右转 来完成任务。

注意，不要碰到周围的各种树木。如果你被一堆木头 拦住去路，可以用斧子 清理后继续通过。

玩法示例

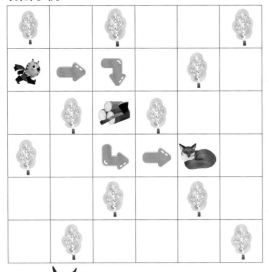

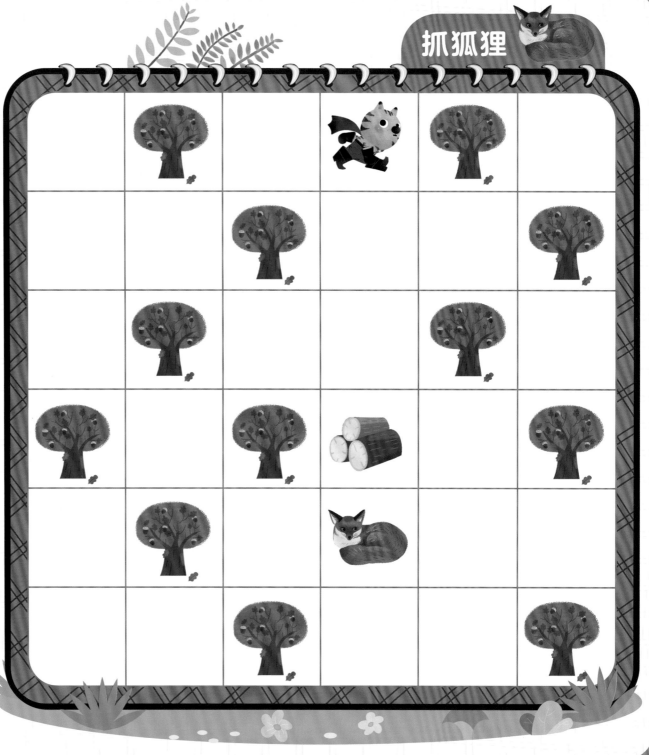

抓小鹿

我们规定，如果遇到木头，可以用斧子清理。

在Scratch编程中，这种情况我们会使用"条件指令"：

例如：

指令的意思是：如果角色碰到了鼠标指针，它就要说"你好！"。

小知识：

温带地区典型的森林是温带落叶阔叶林。这里的树木叶片宽阔，春夏长叶，秋冬落叶，因此我们可以在秋天看到树叶的颜色变化。而在热带地区，很多树林一年四季都是绿油油的。

你发现了吗？在"森林大冒险"中，除了第一关，剩下的关卡在完成的过程中至少要转 1 次弯哦！

小知识：

　　猪獾的鼻子跟猪鼻子很像，嗅觉灵敏，但它的视力不好。猪獾是杂食性动物，既吃玉米、小麦和花生，也吃青蛙、泥鳅、蚯蚓这些小动物。白天，它在自己挖的洞里睡大觉，晚上才出来寻找食物。到了冬天，猪獾便会开始冬眠。

抓松鼠

注意，这一关出现了两堆木头！不管出现多少堆木头，你都可以用斧子把它们清理干净。这类似于在Scratch编程中重复执行前面提到的"条件指令"。

另外，这一关可能有不同走法哦！试试看。

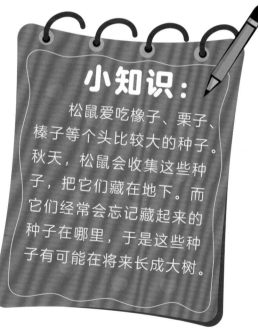

小知识：

松鼠爱吃橡子、栗子、榛子等个头比较大的种子。秋天，松鼠会收集这些种子，把它们藏在地下。而它们经常会忘记藏起来的种子在哪里，于是这些种子有可能在将来长成大树。

这一关有两种走法，你发现了吗？

在使用Scratch编程时，你也可以尝试为同一个任务写不同的程序，会进步得更快哦！

小知识：

白冠长尾雉又叫"长尾野鸡"，从嘴巴到尾部共有2米长，长得非常美丽。这种鸟见到人会害怕，平时一般在较隐蔽的地方活动。如果遇到其他动物攻击或人类干扰，它会在林中急速奔跑，紧急情况下也会张开翅膀飞到树林外。

抓野鸡

交换食物

　　走出森林，布斯看到了大片大片的农田。他想起这些天以来，主人一直跟着他吃各种野味，可对人类来说，大米、面包、玉米这些主食才是最好的食物。于是他决定用自己捉到的动物去跟农民换一些食物。

游戏说明：

　　请设计一条从布斯到粮食的路线，使用移动 ➡、左转 和右转 来完成任务。不要碰到周围的各种植物或动物。

　　但如果你被一条水沟 拦住去路，可以铺上木板 然后继续通过。正确的路线可能不止一条！

　　难度升级了，加油哦！

玩法示例

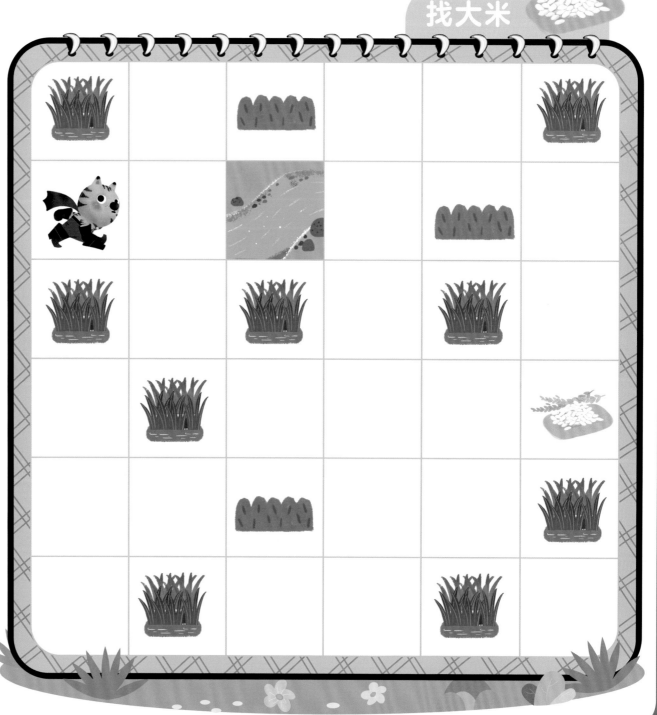

找小麦

你发现了吗？在"交换粮食"这部分，每一关至少要转2次弯哦！

这里又出现了←↰ 路线，你掌握它转弯的规律了吗？

使用Scratch编程时，熟悉一些固定的步骤，可以帮助你更快完成任务。

小知识：

玉米原产于美洲，后来被引入中国。和水稻、小麦等农作物相比，玉米能在更加严酷的环境中生长，适应性很强。玉米不仅可以直接食用，还可以炼成食用油。它的秸秆也可以用来喂牲畜。

找玉米

找大豆

如果你把这一页顺时针转90度，会发现布斯可以走出┗┓路线。

小知识：

大豆所含的营养非常丰富。如果没有充足的肉食，一个人也可以通过大豆获得身体需要的基本营养。大豆也是十分重要的牲畜饲料，还可以被制成大豆油，以及豆浆和豆腐等受人喜爱的大豆制品。

这一关可以走出 ↰
路线。希望你能掌握其中
的转弯规律，后面还会用
到哦！

小知识:

花生和玉米、大豆一样，可以用来制作食用油。它也含有丰富的营养，可以促进骨骼发育、增强记忆力。花生又叫"落花生"，因为它的果实长在地下，成熟以后，人们要像拔土豆、胡萝卜那样把花生拔出来。

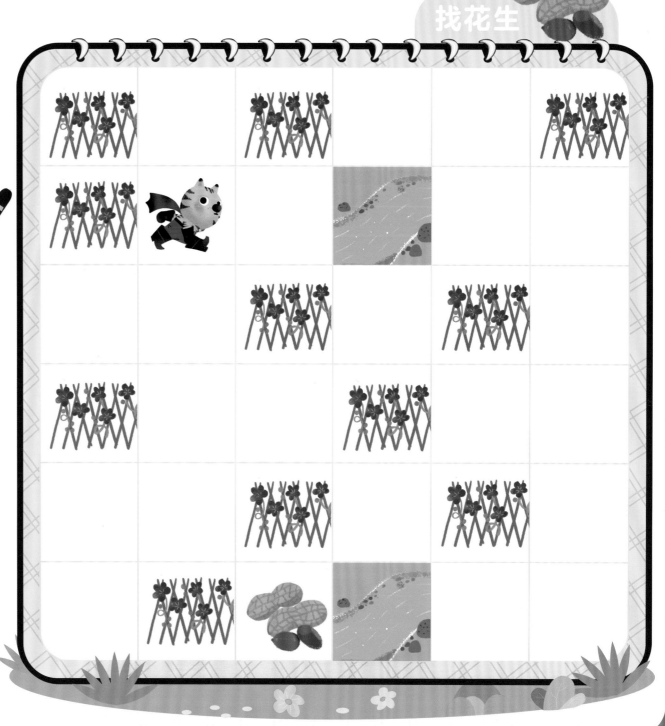

沙漠大冒险

布斯走到了沙漠里。他听说有一个古国就被埋在这片沙漠底下。说不定，他可以在这里找到古国的宝物呢！如果把它们献给国王，国王肯定会对布斯的主人另眼相看。

游戏说明：

　　请设计一条从布斯到宝物的路线，使用移动 ➡、左转 ↰ 和右转 ↱ 来完成任务。不要碰到周围的各种动物。

　　但如果你被一座沙丘 ⌒ 或者石头山 🪨 拦住去路，可以骑着骆驼 🐫 通过。

　　难度升级了，加油哦！

玩法示例

找金币

找古代的裙子

从本章开始，出现了两种"可以跨越的障碍物"（沙丘和石头山），不过布斯都可以骑着骆驼通过。

在Scratch编程里，不同的情况有时也可以用同一组指令处理。

另外，这一关可能有不同走法。

小知识：

沙漠里很少下雨，所以只有少数植物可以在这里生长。白天，沙漠非常炎热，因为没有云遮挡太阳；到了夜里却非常寒冷。虽然沙漠地区降水少，但偶尔也会下一场雨，这时埋藏在地里的种子就会迅速发芽、开花并产生新的种子。新的种子又落到地里，等待多年后雨水再次降临。

你发现了吗？在"沙漠大冒险"中，每一关至少要转3次弯哦！

另外，这一关可能有不同走法。

小知识：

由于缺水，能在沙漠里生长的植物很少。多数沙漠植物抗旱或抗盐，生命力顽强，耐贫瘠，常见的有仙人掌、胡杨、芦荟等。这些植物的植株大多低矮，枝条硬化，还有的植物靠枝条进行光合作用。

找手镯

这一关有不同的走法，其中一种走法可以分解为：先走 ⮎ 路线，再走 ⮧ 路线。

用Scratch编程时，你学会拆分任务了吗？

注意！这一关有多种走法，可能要在第一步转弯，或者连续转弯，很有挑战性哦！

小知识：

尽管白天的沙漠非常炎热，但动物们往往也有保持凉爽的"小妙招"。比如，沙鼠白天待在凉爽、湿润的地洞里，晚上才出来觅食；耳郭（guō）狐则用它的大耳朵散热。而蜥蜴和蛇这样的变温动物，它们的体温会随着气温变化。这些动物能适应炎热的环境，如果气温太低，反而会因为体温低而导致身体僵硬。

拜见国王

找到古代的王冠让布斯又惊又喜。一定要赶紧把这些宝物和珍稀的动物献给国王！

游戏说明：

请设计一条从布斯到目标人物的路线，可以使用移动 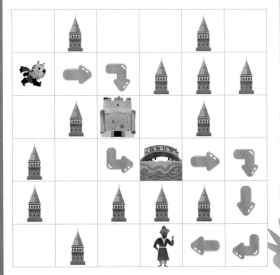、左转和右转来完成任务。不要碰到周围的各种建筑。

但如果你被一条河拦住去路，可以搭桥通过；如果你遇到关卡，可以使用通行证通过。

难度再次升级，加油！

玩法示例

见官员

在"沙漠大冒险"章节中，遇到沙丘和石头山，都可以用骆驼卡牌通过；但在这部分，遇到河流和关卡要用不同的卡牌通过。

在Scratch编程中，如果遇到两种相似的情况，我们也要区分它们是否能用同一组指令处理。

另外，这一关可能有不同走法哦！

你发现了吗？在"拜见国王"这部分，每一关至少要转3次或4次弯哦！

小知识：

16世纪，在苏莱曼一世的统治下，奥斯曼帝国迎来了全盛时期，这位君主也因此被西方人称为"苏莱曼大帝"。苏莱曼一世很重视教育，在位期间创办了大量的学校和高等学院，这些院校附近可能还建有银行、客栈、餐厅、图书馆、医院等设施。

见官员

这一关有多种走法，可以分别从关卡或河流经过，你发现了吗？

小知识：

苏莱曼一世统治期间，首都伊斯坦布尔人口众多，是欧洲数一数二的大城市。当时的政府非常重视居民的生活质量。苏莱曼一世下令扩建了伊斯坦布尔的"大巴扎"，这是一处很大的集市，能够保障粮食和商品原料供应充足。为了获得人民的支持，政府经常举办大型娱乐活动，还会定期给市民分发正餐和点心。

国王高兴地接受了布斯的礼物，还授予他的主人"智慧骑士勋章"。

小知识：

苏莱曼一世每天的生活有着固定的模式：他每天换一件长袍，长袍里装着一定数量的钱币，这一天结束后，长袍里没花掉的钱就归他的内侍总管；为保证安全，他每天会挑选不同的房间睡觉。

见国王

森林大冒险

现在，布斯又来到一个寒冷的国度。它由一名女王统治，女王有一个美丽的女儿。布斯心里有了一个计划：他要让主人见到这位公主。

新一轮狩猎开始了！希望女王喜欢布斯的礼物。

抓驼鹿

游戏说明：

请设计一条从布斯到猎物的路线，不要碰到周围的各种树木。

走横线或竖线时，移动卡牌 ➡ 只能用一次，但你可以用倍数卡牌 ⓧ2 ⓧ3 ⓧ4 和延长线 ┅┅ 完成任务。正确的路线可能不止一条！

玩法示例

*用延长线填充剩余的空格，连成完整的路线。

54

抓貂

倍数卡牌 ×2 ×3 ×4 分别表示箭头在同一方向上移动2次、3次或4次。

小知识：

寒带森林每年只有2~3个月能享受到温暖的阳光。这里的树木主要有云杉、松树和冷杉。它们的叶子像针一样细长，上面有一层蜡质，叶子里的水分不容易蒸发，所以这种叶子能留在树枝上，度过异常干燥的冬季。

抓松鸡

在Scratch编程中，我们会使用"重复执行（　）次"这个指令：

重复执行 ◯ 次

例如：
重复执行 3 次
移动 10 步

意思是：将"移动10步"这件事重复3次。

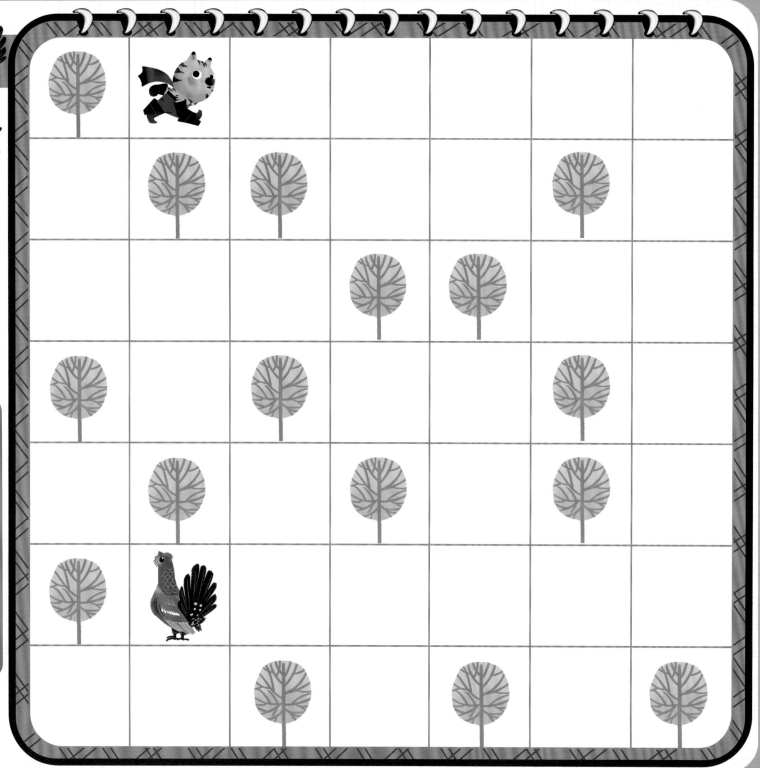

抓雪兔

你发现了吗？在"森林大冒险"中，每一关至少要转2次弯哦！

小知识：

雪兔生活在寒带和亚寒带森林中。冬天，它的毛是白色的，到了夏天就会变成土黄色或褐色。它的耳朵比家兔短，因为在寒冷的环境里它不需要靠耳朵散热，而且要把耳朵贴在背上保存热量。雪兔的眼睛很大，在头的两侧能够看到更广阔的区域。

抓雷鸟

虽然加入了倍数卡牌，🔀🔀🔀 🔄 路线转弯的方法还是和原来一样哦！

格陵兰岛大冒险

布斯听说格陵兰岛的冰层下面藏着大量矿产资源，于是义无反顾地来到这里。他要画出这里的矿产地图并献给女王。

找稀土矿

游戏说明：

　　请设计一条从布斯到矿产的路线，不要碰到周围的各种冰川。

　　走横线或竖线时，移动卡牌只能用一次，但你可以用倍数卡牌和延长线完成任务。

　　难度升级了，要加油哦！

玩法示例

找红宝石

这一关有不同走法，而且要连续转弯，可能有点儿难哦！

小知识：

格陵兰岛是丹麦的属地，是世界上最大的岛屿。它的英文名字Greenland拥有"绿洲"的意思。但实际上，这个岛屿长年被冰雪覆盖，只有在短暂的春天草地上长满绿草，鲜花盛开。据说第一个踏上格陵兰岛的欧洲人正是因为看到了岸边的一小块草地，才称这个岛屿为"绿洲"。

找金矿

你发现了吗？在"格陵兰岛大冒险"中，每一关至少要转3次弯哦！另外，这一关可能有不同走法。

小知识：

格陵兰岛超过80%的面积都被冰层覆盖。这里全年的平均气温低于0℃，夏天气温也很少超过10℃，冬天特别冷的时候甚至可以达到-70℃。这里的居民在夏天乘船出行；到了冬天，岛屿上一片冰天雪地时，居民就要靠狗拉的雪橇代步了。

这一关的任务可以分解为：先走 ↳ 路线，再走 ⬆ 路线。

小知识：

格陵兰岛有丰富的矿产资源，包括金矿、稀土矿、石油、天然气，等等。布斯在这一关寻找的冰晶石也是岛上的重要矿产。这里气温太低，无法种植农作物，因此，岛上的居民依靠捕鱼维持生活。

找铁矿

你会怎么拆分这一关的任务呢？

学习编程时，建议你养成这样的习惯：先拆分任务，再着手开始编程。另外，这一关可能有不同走法哦！

小知识：

随着全球气候变暖，北极，包括格陵兰岛的冰川，也渐渐融化，这引起了一系列连锁反应。比如习惯在冰上繁殖和休息的海豹就会面临因浮冰融化而灭绝的风险。而海豹又是因纽特人的重要食物，如果海豹灭绝了，这些居民的处境也让人忧虑。

寻找古书

带着珍稀动物和矿产地图，布斯去王宫求见女王。女王的贴身侍女向他转达了女王的话："生活在北极的因纽特人有一部珍贵的古书，是古代的长老留下来的，据说它已经消失很久了。如果你能找到它，我就见你一面。"

于是，布斯去了因纽特人居住的地方，询问他遇到的每一个人……

见因纽特
儿童

游戏说明：

请设计一条从布斯到目标的路线，不要碰到周围的各种动物。

走横线或竖线时，移动卡牌 ➡ 只能用一次，但你可以用倍数卡牌和延长线完成任务。

难度升级了，加油哦！另外，这一关可能有不同走法。

玩法示例

您要去问我妈妈！

你发现了吗？在"寻找古书"这部分，每一关至少要转4次弯哦！

小知识：

因纽特人居住在北极圈附近的岛屿，靠打猎和捕鱼维生。由于气温很低，户外或没有暖气的房间就是他们的食物冷冻库。格陵兰岛上有一种鸟叫"海雀"，因纽特人会用它那柔软的羽毛做衣服的衬里。在寒冷的北极，这样的衣服穿起来既温暖又舒适。

请您去问我们的长老！

见因纽特长老

这一关可能有不同走法，其中一种走法可以分解为：先走 ↰ 路线，再走 ⌐ 路线。

小知识：

海象在冰冷的海水中和陆地的冰块上过着"两栖"生活。它是因纽特人的食物之一。海象长着两枚长长的牙，可以刺穿冰层，让自己透气；也可以将长牙刺入岸边的冰中，帮助自己上岸。在岸上，海象用后鳍（qí）推动自己匍匐前进。

您去古老的雪屋问问！

注意了，这一关
可能有不同走法哦！

小知识：

因纽特人会用坚硬的雪块建造小屋。由于热空气轻，会浮在空中，冷空气重，会往下沉，所以靠近雪屋顶部的地方更暖和。因纽特人便在雪屋内壁搭个较高的平台，用来睡觉。不过，雪屋只是比屋外暖和，在屋里还是要穿上厚厚的衣服。

雪屋在夏天就会融化，所以布斯去的是一间有魔法的雪屋！

古书在很远
的地方……

找古书

这一关有不同走法，而且要连续转弯，可能有点儿难哦！

拜见女王

带着因纽特人的古书，布斯信心满满地朝王宫走去。他的计划就要实现了！他的主人早已不再是一个穷小子，现在的他拥有两位国王分别颁发的"勇敢骑士勋章"和"智慧骑士勋章"。布斯又找到了女王最想要的古书，现在，就看主人能否给女王和公主留下深刻的印象了……

见士兵

游戏说明：

请设计一条从布斯到目标人物的路线，不要碰到路上的植物或者亭子。

走横线或竖线时，移动卡牌只能用一次，但你可以用倍数卡牌和延长线完成任务。正确的路线有可能不止一条！

难度升级了，要加油哦！

玩法示例

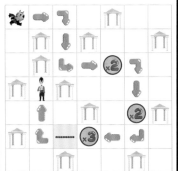

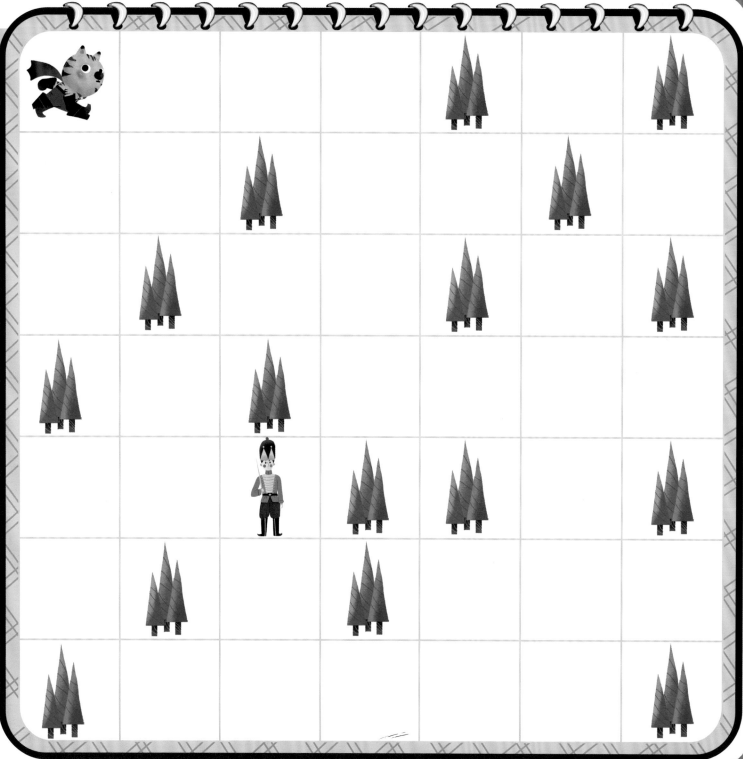

你发现了吗？在"拜见女王"这部分，每一关至少要转5次弯哦！而且后面这几关可能要在最后一步转弯呢。

小知识：

丹麦位于欧洲大陆西北端，纬度高，天气寒冷。它的王宫阿美琳堡宫是现任丹麦女王的住所。如果国旗升起，就表明女王现在在王宫里。这座王宫有一部分是对外开放的，游客可以进去参观。

见官员

转弯次数越多，越需要拆分任务。你会怎么拆分这一关的任务呢？

"尊贵的女王，我带来了您想要的古书。"布斯见到了女王，向她呈上古书。

"你办事可靠，我很欣赏你。说吧，你想要什么赏赐？"女王问布斯。

"我的主人是一位高贵、正直的青年，曾被两位国王分别封为'勇敢骑士'和'智慧骑士'。他对陛下的公主仰慕已久……"布斯毕恭毕敬地说道。

见公主

女王说："我相信你的主人是个出色的年轻人。他可以见我的女儿，但女儿的终身大事，还是要让她自己作主。"

布斯让主人穿上一套崭新的衣服去见公主。公主看到这位年轻人相貌英俊，而且性格开朗、温和，立刻就爱上了他。

他们从此过上了幸福的生活。

空白棋盘

现在，你可以利用书后附送的贴纸自己设计游戏！

在这一页，你可以把  贴在任意位置作为起点；把 🐟 贴在另一位置作为终点。起点与终点要保持一定距离；把若干个 🎍 贴在其他位置作为障碍物，要确保起点和终点之间的路是畅通的。然后你可以用卡牌 ➡️、⬅️ 和 ↱ 摆出从起点到终点的路线。

在这一页，你可以把  贴在任意位置作为起点；把 贴在另一位置作为终点。起点和终点保持一定距离；把若干个 贴在其他位置作为障碍物，要确保起点和终点之间的路是畅通的。你还可以在通路上贴 和 。然后你可以用卡牌 、 和 摆出从起点到终点的路线，遇到 可以用卡牌 通过，遇到 可以用卡牌 通过。

在这一页，你可以把贴在任意位置作为起点；把贴在另一位置作为终点。起点和终点保持一定距离；把若干个贴在其他位置作为障碍物，要确保起点和终点之间的路是畅通的。然后你可以用卡牌、和摆出从起点到终点的路线。在走横线或竖线时，只能用一次，但你可以用卡牌、、和来完成任务。

在这一页，你可以把  贴在任意位置作为起点；把 贴在另一位置作为终点。起点和终点保持一定距离；把若干个 贴在其他位置作为障碍物，要确保起点和终点之间的路是畅通的。然后你可以用卡牌 、 和 摆出从起点到终点的路线。在走横线或竖线时， 只能用一次，但你可以用 ×2 ×3 ×4 卡牌和 卡牌完成任务。

图书在版编目（CIP）数据

编程其实很简单 / 学而思著；香蕉猴，芝麻酱绘. --北京：电子工业出版社，2021.6
ISBN 978-7-121-40986-8

Ⅰ．①编⋯　Ⅱ．①学⋯　②香⋯　③芝⋯　Ⅲ．①程序设计－少儿读物　Ⅳ．①TP311.1-49

中国版本图书馆CIP数据核字（2021）第068378号

责任编辑：周琰冰
印　　刷：北京尚唐印刷包装有限公司
装　　订：北京尚唐印刷包装有限公司
出版发行：电子工业出版社
　　　　　北京市海淀区万寿路173信箱　邮编：100036
开　　本：889×1194　1/16　印张：5.25　字数：36.2千字
版　　次：2021年6月第1版
印　　次：2021年6月第1次印刷
定　　价：88.00元

凡所购买电子工业出版社图书有缺损问题，请向购买书店调换。若书店售缺，请与本社发行部联系，联系及邮购电话：（010）88254888，88258888。
质量投诉请发邮件至zlts@phei.com.cn，盗版侵权举报请发邮件至dbqq@phei.com.cn。
本书咨询联系方式：（010）88254161转1876，zhouyb@phei.com.cn。